MARCHÉ AUX GRAINS DE DOUAI.

PÉTITION

DEMANDANT

LA RÉFORME COMPLÈTE

DE CE MARCHÉ

POUR QU'IL SOIT ÉTABLI SUR LE MODÈLE DE CEUX D'ARRAS, ORCHIES, BÉTHUNE, CARVIN, LENS, ETC.;

SUIVIE

DES PIÈCES SUIVANTES A L'APPUI

1° La pétition des négociants en grains, fabricants d'huile, fariniers, brasseurs, de 1853 ;

2° Rapport de M. Chartier au nom de la commission municipale de 1840 sur le marché aux grains ;

3° Consultation de Mᵉ Talon ;

4° Règlement du marché aux grains d'Arras ;

5° Règlement du marché aux grains de Lens.

DOUAI,

TYPOG. Mᵐᵉ CERET-CARPENTIER, IMP. DE LA MAIRIE.

1864.

PÉTITION A M. LE MAIRE.

Monsieur le Maire de la ville de Douai.

Monsieur le Maire,

Nous soussignés, commerçants de Douai, avons l'honneur de vous soumettre respectueusement la pétition ci-jointe, couverte d'environ 1,200 signatures.

Cette pétition a pour but d'obtenir, que notre marché soit complètement réformé sur le modèle de ceux d'Arras, de Béthune, de Lens, d'Orchies, etc., sur le modèle, enfin, de ceux qui, attirant en ville presque tous les cultivateurs des environs, causent la prospérité du commerce et l'augmentation continue des revenus municipaux.

Douai, mieux situé qu'aucune des villes qui l'entourent; Douai, dont la Grand'Place se trouve à très petite distance du canal et du chemin de fer, a, en outre, sur la Place même, un immense local: le Dauphin, dans lequel on pourrait, sans changement quant à présent, remiser gratuitement les blés invendus et même ceux dont les acquéreurs voudraient attendre quelques jours pour l'enlèvement.

Le Dauphin doit aider beaucoup à la réussite de la réforme ; il répond à l'objection qu'on n'a pas de halle , et à celle des trop grands frais qu'occasionnerait pour les négociants en grains et les meuniers , le transport immédiat chez eux : transport inutile s'ils doivent réexpédier de suite par le chemin de fer , par le canal ou par leurs chariots , à leurs moulins ou ailleurs.

L'exemple du marché d'Arras peut nous servir, mais nous avons sur lui l'avantage réel d'avoir, nous le répétons , notre marché à quelques mètres du chemin de fer et du canal.

Pour parvenir à la réforme de notre marché, *nous demandons la suppression complète des ventes sur échantillons.*

Nous joignons à notre pétition les pièces suivantes :

1º Le rapport présenté au Conseil municipal , le 14 janvier 1860 , par M. Chartier , au nom de la commission d'enquête , chargée d'examiner la question de la réforme du marché aux grains de Douai.

Ce travail , fruit d'une longue et consciencieuse enquête de nos édiles, met trop bien en évidence les raisons qui militent en notre faveur pour que nous ne vous le soumettions pas comme exprimant notre pensée; il met si bien en évidence les abus du marché actuel sur échantillons et les avantages du marché sur sacs comme il se pratique à Arras , que nous n'avons rien à y ajouter.

2º La copie de la pétition des négociants en grains ,

fariniers et fabricants d'huile , du treize novembre 1853.

Nous vous remettons sous les yeux cette pétition qui se trouve dans vos archives parce qu'elle affirme quelques-uns des abus signalés dans le rapport Chartier de 1840.

3° Les règlements des marchés des villes d'Arras , de Lens et de Béthune comme renseignements et comme base d'organisation de notre futur marché.

4° Et enfin la consultation de Me Talon.

Les idées que nous vous émettons , Monsieur le Maire, sont jugées sages partout, si ce n'est, sans doute, ceux qui ont un intérêt personnel à les exclure. Une seule objection a été faite : on a douté que l'autorité municipale ait dans ses attributions le pouvoir d'imposer aux vendeurs l'obligation d'apporter les grains en nature sur le marché; nous nous sommes alors adressés à un jurisconsulte connu tout à la fois par sa vieille expérience , ses opinions libérales et la loyauté de ses avis , Me Talon , alors bâtonnier de l'ordre.

Après un examen très approfondi , il nous a remis une consultation , résultat de recherches multipliées et qui, si nous ne nous abusons , est si fortement motivée, si solidement assise sur de nombreux arrêts de la Cour de cassation , qu'elle ne peut plus laisser place au doute.

Nous la joignons à notre pétition , en vous priant , Monsieur le Maire , d'être assez bon pour prendre la peine de lire ce travail très attentivement médité et qui nous l'espérons, vous convaincra comme nous.

Nous comptons, Monsieur le Maire, sur votre dévouement aux intérêts de notre ville, pour obtenir la prompte solution qu'attend ardemment le commerce douaisien.

Le délégué des soussignés,

Charles PLANCKAERT.

Douai, 12 décembre 1863.

PIÈCES

A L'APPUI DE LA PÉTITION.

PÉTITION DES NÉGOCIANTS EN GRAINS.

A Monsieur le Maire de la ville de Douai.

Monsieur le Maire,

Nous, soussignés, négociants, fabricants d'huile, fariniers, commissionnaires, etc., témoignons à Monsieur le Maire, notre reconnaissance de son intervention pour modifier les nombreuses erreurs qui existent sur notre marché ; nous sommes les premiers à reconnaître les mesures qu'il a prises, mais nous croyons devoir lui signaler des erreurs bien plus grandes qui pourraient compromettre entièrement l'avenir de notre place.

Nous n'avons d'abord pas de règlement de marché ; les bouteurs sont les seuls maîtres, y arrivent quand bon leur semble ; une très grande partie de ces messieurs sont eux-mêmes marchands de grains, abandonnent leurs tables pour s'acheter et se vendre mutuellement des grains ; plusieurs d'entre-eux font des magasins, emploient des commissionnaires, et ces mêmes commissionnaires achètent aux tables des bouteurs de qui ils sont chargés d'acheter ; d'autres vont acheter dans les villages aux clients de leurs confrères et vendent ces grains à leur profit. Nos cours sont parfois susceptibles de grandes variations : ces messieurs ont soin de vendre à condition, sans que le fermier en ait la moindre pensée, et s'il survient une hausse le lendemain ou le jour suivant, ils appliquent à eux-mêmes cette dite vente.

Il nous semble que pour obvier à ces abus, il serait convenable de forcer les bouteurs à arriver sur place à heure fixe, et, afin de les y contraindre, nous sollicitons de Monsieur le Maire de faire mettre en premier lieu les blés en vente, par la raison qu'il est accordé aux boulangers un quart d'heure de faveur, et que pour y donner suite, ils se trouveraient forcés d'arriver à l'heure.

Il nous semble également que le fermier, en mettant son échantillon en vente, doit savoir si le prix qu'on lui a offert lui convient ou non ; donc, le mode de vente à condition n'a qu'un but : c'est celui de tromper la bonne foi de l'acheteur.

Nous espérons donc, Monsieur le Maire, que vous metterez fin à ces abus, en nous donnant un règlement de marché tel qu'il existe sur toutes les places voisines.

En attendant, nous avons l'honneur d'être, Monsieur le Maire, vos respectueux administrés.

CAMBIER-DAUCHY, C. FLEURQUIN aîné, A. BEAUVOIS, J. FICHEL, POTEAU-JACQUARD, H. FARINE, DELOFFRE, FLEURQUIN, A. PICQUET, DELEBARRE, J. DAUCHY, CAMOURMER fils, PAIX frères, ANDRÉ, MARCHAND, BERTELET, DEBÈVE, G^t. CAUDRELIER fils, DELFOSSE, L. DÉMOLIN, AL. BEAUVIN, QUÉANT-LEMAIRE, PANIEN, CHOQUET-DELESPAUL, DUBERQUIN, CAVROIS.

Douai, le 13 novembre 1853.

Pour rendre hommage à la vérité, nous devons vous déclarer que parmi les bouteurs, tous ne sont pas livrés aux tripotages que nous avons eu l'honneur de vous signaler.

CAMBIER-DAUCHY.

A. BEAUVOIS.

RAPPORT

PRÉSENTÉ AU CONSEIL MUNICIPAL DE DOUAI

PAR

M. Prosper CHARTIER,

Dans la séance du 14 Janvier 1840,

AU NOM DE LA COMMISSION

CHARGÉE D'EXAMINER LA QUESTION DE RÉFORME

DU

MARCHÉ AUX GRAINS.

RAPPORT DE M. Prosper CHARTIER.

———

Messieurs ,

La question du marché aux grains dont votre commission s'est longtemps occupé , est sans contredit l'une des plus importantes qui ait jamais été soumise à vos délibérations.

Elle soulève, en effet, de graves intérêts !

Avant de vous faire connaître l'opinion de votre commission sur cette grande question, qui préoccupe à un si haut point l'attention publique, je vais vous présenter un rapide exposé de notre marché aux grains, tel qu'il existe aujourd'hui.

Vous reconnaîtrez, Messieurs , qu'il y a infraction générale et permanente des règlements qui le régissent ; vous verrez que l'usage établi par une espèce de convention tacite entre les personnes qui le fréquentent, s'est complètement substitué aux dispositions réglementaires qui avaient fixé sa constitution primitive.

Le marché aux grains a lieu trois fois par semaine ; les mardi, jeudi et samedi.

20 bouteurs exposent ces jours-là sur des tables rondes appelées *moutiers*, de petits sacs de poche contenant les échantillons des grains dont on leur confie la vente.

Sur ces 20 bouteurs , les 2/3 au moins font très peu d'affaires : toutes les opérations du marché se concentrent entre 6 ou 7 d'entre eux.

Les acheteurs en petit nombre , resserrés dans un cercle étroit tracé par les moutiers, jugent de la qualité d'un grain par celle de la montre.

Il n'est pas toujours possible à un acheteur de visiter le moutier d'un bouteur : 3 ou 4 personnes stationnant autour de ce moutier, empêchent les autres acheteurs de pénétrer jusqu'aux échantillons et de s'informer du prix des grains qu'ils représentent.

Quelquefois un acheteur, au début du marché, s'empare d'une ou plusieurs montres, déclarant au bouteur qu'il prendra le grain au cours qui aura été établi par d'autres ventes.

Les petites parties de 1 à 6 hect. sont vendues par les bouteurs également sur montres, comme les plus fortes quantités.

Les bouteurs vendent souvent *sous condition*, c'est-à-dire qu'ils se réservent, en convenant d'un prix avec l'acheteur, la faculté de ne pas livrer, si la vente n'a pas été ratifiée par le vendeur.

Aussitôt qu'il y a vente, soit *sous condition*, soit définitive, le bouteur remet à l'acheteur, sans en garder, une contre-partie, le sac d'échantillons qui doit servir de base pour reconnaître l'identité du grain.

Tous les grains vendus sont conduits directement et mesurés au domicile de l'acheteur qui, sans l'intervention du bouteur ou des égards, compare seul la qualité du grain à celle de la montre dont il reste l'unique dépositaire.

Plusieurs bouteurs tiennent chez eux des dépôts de grains de semence qu'ils vendent ostensiblement pour leur propre compte.

Tel est, Messieurs, l'exposé du mode actuel de vente et d'achat des grains sur le marché de notre ville.

Chaque mot de cet exposé, suivant l'opinion de la moitié de votre commission, signale des faveurs, des priviléges, des incertitudes dans les transactions commerciales, des manque de foi, des atteintes à la confiance publique, qui forment une masse d'abus contre lesquels s'élèvent des plaintes unanimes. Ces abus frappent indistinctement les acheteurs et les vendeurs.

Abus au préjudice des acheteurs.

1° Par l'impossibilité où se trouvent les habitants d'acheter sur le marché un ou quelques hectolitres de grains, suivant leurs besoins ou leurs moyens pécuniaires ;

2° Par les ventes sous condition ;

3° Par des hausses factices dans le prix des grains;

4° Par la non-conformité des grains livrés aux montres qui représentent leur qualité.

Abus au préjudice des cultivateurs.

1° Par le rabais forcé que peut leur faire subir l'acheteur à la réception des grains ;

2° Par le mesurage qui a lieu au domicile de l'acheteur, sans garantie pour les intérêts du vendeur ;

3° Par la condescendance d'un bouteur permettant l'enlèvement des échantillons à ses acheteurs privilégiés.

Abus au préjudice des acheteurs et des vendeurs en même temps.

Par la faculté qu'ont les bouteurs de vendre des grains de semence à leur domicile.

Il est du devoir du rapporteur de vous déclarer, messieurs, que tous ces abus signalés au sein de votre commission, trois seulement ont été reconnus par elle à l'unanimité. Ce sont :

L'impossibilité d'acheter un ou quelques hectolitres de grains.

Les ventes sous condition.

Les ventes de grains par quelques bouteurs pour leur propre compte.

Tous les autres abus inhérents à la constitution de notre marché ont été dévoilés par trois membres, au nombre desquels se trouve votre rapporteur. Cette partie de la commission déclare formellement ne faire aucune application individuelle, ni attaquer l'honneur ou la probité de qui que ce soit; mais elle use de son droit en constatant dans ce travail, d'une manière générale, les malheureux résultats d'un mode de vente qui lui paraît funeste aux intérêts de tous.

Le but de votre commission, en vous analysant tous ces abus dans une exposition rapide, est de vous mettre, à même, Messieurs, d'en apprécier la réalité.

Abus au préjudice de l'acheteur.

1° Impossibilité d'achats. — Le marché est inaccessible aux petits acheteurs ; la commission le reconnaît à l'unanimité. En effet, les bouteurs refusent de diviser leurs montres ; aucune quantité de grains n'étant étalée sur place, le marché n'en est réellement pas un, puisqu'il n'est pas permis au plus grand nombre d'acheter la portion de grains déterminée par leurs besoins ou leur somme disponible. Un mode de vente qui exclut d'un marché public les 99/100es de la population, pour se concentrer entre quelques acheteurs, qui, malgré les prescriptions des échevins créateurs du règlement de 89, ôte à tous les habitants d'une ville la *facilité d'acheter du grain suivant leurs facultés* (règlement 89) ; un tel mode basé sur le privilége, favorisant une minorité au

2

détriment de l'immense majorité, est contraire au droit commun ; il froisse les intérêts de tous , il devient un monopole dont l'effet immédiat, d'après la conviction de la moitié de votre commission, a été d'éloigner tous les marchands de grains et commissionnaires de Lille et autres lieux qui affluaient autrefois sur notre marché , et y faisaient des achats considérables.

2° Ventes à condition. — Les fabricants d'huile qui achètent de fortes quantités de graines oléagineuses pour alimenter leurs usines, n'en reçoivent quelquefois qu'une faible partie : leurs usines chôment , leurs marchés à livrer ne peuvent s'exécuter ; leurs ouvriers sont privés de travail, et eux-mêmes éprouvent des pertes considérables.

Dans une autre occasion, un négociant achètera ou fera acheter par un commissionnaire une partie de grains dont le prix a été fixé par le bouteur, sans condition. Le fermier en conduisant son grain chez l'acheteur , reçoit l'offre d'un prix plus élevé de quelques centimes que celui fixé par son bouteur. Il change aussitôt de direction ; et , s'appuyant sur l'usage qu'il interprête à sa manière , déclare n'avoir pas ratifié la vente faite par le bouteur , et brise un premier engagement pour en contracter un second qui lui présente quelques sols de plus à l'hectolitre.

3° Hausses factices. — L'acheteur ordinaire est souvent obligé de faire ses achats sans pouvoir comparer les prix : n'ayant accès qu'aux moutiers peu fournis de bouteurs à mince clientelle, il trouve très difficilement les quantités de grains dont il a besoin , et surtout les qualités qu'il désire. S'il lui est enfin permis d'aborder les moutiers des forts bouteurs, il n'y trouve plus les montres , dont la qualité et le prix *comparés aux autres* , lui auraient servi de règle pour ses achats : et tandis qu'il achète à un prix incertain des grains de qualité médiocre, ses concurrents privilégiés , ayant les meilleurs échantillons en poche, sont sûrs d'obtenir, à des prix moindres, les parties supérieures en qualité.

4° Non-conformité du grain à l'échantillon. — Un vendeur qui est peu scrupuleux sur les moyens d'obtenir un prix maximum , peut faire le triage de la montre : en supposant même qu'il ait pris loyalement pour échantillon un grain conforme ; cet échantillon , qu'il soit devenu pur par la frande , ou qu'il se soit bonifié par la manipulation, représente toujours, lors de la livraison, une qualité supérieure au grain vendu. L'acheteur , pour compenser cette différence , offre un rabais qui n'est pas accepté ; et s'il a besoin de ce grain en remplacement de celui acheté sous condition, qu'il n'a pas reçu, il prend livraison au prix convenu et subit une perte réelle.

Abus au préjudice des vendeurs.

1° Echantillon séché. — Si d'un côté l'acheteur se trouve en présence de tous ces abus, et en est la victime ; de l'autre côté, le fermier se plaint non moins vivement de voir ses intérêts trop souvent compromis sur le marché de notre ville.

En effet , l'acheteur, seul détenteur de l'échantillon pendant quelque temps , a toute facilité pour l'embellir , pour le faire sécher ; et obtenir ainsi par la représentation d'une montre supérieure au grain présenté , un rabais forcé sur toute la quantité livrée.

2° Déficit au mesurage. — Les fermiers se plaignent d'un déficit assez considérable sur la quantité de grains qu'ils livrent à l'acheteur.

Celui-ci, sous prétexte de comparer le grain des sacs à l'échantillon , enfonce régulièrement la main dans la mesure au moment où le grain y est versé , et produit une dépression qui cause au vendeur un préjudice de 1/40°.

On objectera peut être que le mesureur peut s'opposer à ce moyen frauduleux ; mais si vous considérez , Messieurs , que le mesurage a toujours lieu au domicile des acheteurs , que ni agents de l'autorité , ni égards ne sont présents à la livraison , et que le mesureur reste seul en présence d'un fermier ou d'un domestique qu'il ne connaît pas, et d'un acheteur avec lequel il a des relations fréquentes , et dont il attend une gratification , vous reconnaîtrez qu'aucune garantie n'est offerte au vendeur, et qu'il doit supporter une perte considérable , quand malheureusement il a affaire à un acheteur indélicat.

3° Enlèvement des montres.—Enfin , le fermier est quelquefois victime de la coupable condescendance du bouteur , qui permet à quelques acheteurs privilégiés de soustraire à la vente publique les montres de qualité supérieure ; en effet le prix de ce grain qui eût certainement haussé par l'effet de la libre concurrence des offres , est déterminé au détriment du cultivateur, à un taux conventionnel entre le bouteur et l'acheteur qu'il a favorisé.

Abus au préjudice des acheteurs et des vendeurs.

Les bouteurs devraient , aux termes des règlements, se renfermer strictement dans leurs attributions légales, et se contenter, pour tous bénéfices, de leurs droits de courtage. Et cependant, plusieurs d'entre eux se jettent dans la spéculation: ils font la banque, accordent des crédits aux acheteurs, donnent des avances aux vendeurs en attendant le moment le plus favorable pour le placement de leurs grains. Enfin, ils achètent pour leur propre compte des grains de semence qu'ils revendent ostensiblement soit en détail à leur domicile, soit en bloc au marché.

En agissant ainsi, ils font supposer que leurs opérations en ce genre, loin de se borner, comme on le dit, aux grains de semence, embrassent de plus vastes quantités de grains de toute nature. Que cette dernière supposition (qui n'est au reste qu'une conséquence rigoureuse de leurs ventes pour compte de grains de semence) soit fondée ou non ; il n'en résulte pas moins de la part des bouteurs une violation flagrante de la loi qui leur applique les mêmes prescriptions qu'aux courtiers de commerce. Ils contreviennent formellement au règlement de 89 qui a créé leur institution. Ce règlement *leur défendait, sous peine de privation d'office, et de 100 florins d'amende, d'acheter ni marchander, ni directement ni indirectement pour leur compte ou commission, par eux, leurs femmes, leurs enfants et domestiques.*

Ici les acheteurs comme les vendeurs sont victimes de cette violation des règlements. En effet, le bouteur intéressé à acheter le grain du fermier au plus bas prix possible, est amené à fausser le cours, et le cultivateur lui livre à un prix inférieur à celui qu'il eût obtenu en vendant lui-même son grain sur le marché public.

D'un autre côté, l'acheteur obligé de s'adresser aux bouteurs, seuls détenteurs de ces grains de semence, doit nécessairement subir l'augmentation que ceux-ci lui imposent.

Ainsi, un bouteur, achètera pour son propre compte du blé de semence à 27 fr. l'hect., et le renvendra 32 fr. au marché suivant.

Sans la coopération du bouteur, le fermier eût vendu au-dessus de 27 fr., et l'acheteur eût obtenu au-dessous de 32 fr.

Telles sont, Messieurs, d'après la conviction de la moitié de votre commission, les conséquences nécessaires et irremédiables du mode de vente des grains par échantillon. Que tous les abus cités plus haut se présentent plus ou moins souvent, ils n'en existent pas moins. Des plaintes nombreuses les ont signalés ; quelques garanties qu'offre la probité des bouteurs ; quelle que soit l'estime dont ils jouissent et la considération qui les entoure, il est certain que dans le mode de vente par échantillon, leur intérêt personnel est en jeu ; il est encore un fait irrécusable : c'est que les intérêts des acheteurs et ceux des vendeurs sont abandonnés réciproquement à la bonne foi des uns des autres. Or, on a le droit de s'alarmer quand les intérêts généraux sont sous la tutelle des individus : car on ne doit de confiance qu'à la loi, et non aux personnes. La déduction rigoureuse de ces faits, c'est d'après trois membres de votre commission, la suppression du mode de vente actuel et l'établissement d'un marché exposant tous les grains à sacs ouverts.

Trois autres membres partagent l'opinion contraire : ils disent que les abus qu'ils reconnaissent en partie, ne proviennent pas du mode de vente, mais de l'inobservation des règlements, ou plutôt de l'absence d'un règlement. Car ils reconnaissent celui de 89 comme inexécutable, et en sollicitent un qui réponde aux désirs exprimés à plusieurs reprises par l'un d'eux.

Voici les motifs invoqués par ces trois membres (1) à l'appui de leur opinion.

Tous les fermiers sont contents du marché aux grains, tel qu'il est institué : ils y trouvent de grands avantages que nul autre marché ne leur présente ; ils n'ont aucuns frais de déplacement, aucune perte de temps à supporter ; ils n'envoient leurs voitures à Douai que quand le grain est vendu ; ils n'ont donc à leur charge aucune dépense, aucun droit de place, aucun frais de de déchargement, ni d'étalage, ni de mise en magasin en cas de non-vente.

C'est par tous ces avantages offerts aux fermiers que notre ville possède le marché le plus considérable des deux départements après celui d'Arras.

Si on supprime la vente par montres, on éloigne tous les fermiers de l'Artois qui, quoique fort éloignés de Douai, y envoyent cependant tous les produits de leurs récoltes. Il y aura donc une réduction dans les arrivages de grains ; de là, pénurie, et par suite, hausse dans le prix.

Cela posé, les acheteurs de Douai, fabricants d'huile, brasseurs, boulangers, etc., ne trouvant plus ici les quantités de grains dont ils auront besoin, ni les qualités qui leur conviendront, délaisse-

---

(1) MM. Courtray, Pinquet et Delecroix.

ront forcément le marché et iront faire leurs achats à Orchies,
Arras, Cambrai, etc., ou bien ils iront acheter eux-mêmes ou
par des commissionnaires au domicile des cultivateurs.

C'est à cause de sa position géographique que la ville de Douai
souffre, et non parce que son marché attire peu de monde. Elle
a le malheur d'être resserrée entre Lille, Cambrai et Arras, qui
lui nuisent par leur commerce et leur industrie. Elle a en outre
l'inconvénient d'être entourée de villes et bourgs qui ont des
marchés aux grains ou qui en créent de nouveaux ; ce qui rejaillit
naturellement sur l'importance de notre marché, et lui est préju-
diciable. Tous les changements possibles à l'institution actuelle
du marché ne pourront pas modifier cet état de choses.

Le mode de vente par échantillons est si favorable à la prospérité d'un marché aux grains, que si la ville d'Arras l'adoptait, elle
verrait augmenter l'importance de ses opérations sur le marché.
D'ailleurs, le marché de Douai ne présente pas un mode de vente
exceptionnel : à Cambrai, les graines oléagineuses se vendent par
échantillons. Le marché du faubourg des Malades, à Lille, a lieu
de la même manière ; enfin, à Valenciennes, les grains se vendent
également sur montres par l'entremise de facteurs, et sur des
points indéterminés.

Enfin, il est possible qu'un mode de marché à sacs exposés par
terre procure quelqu'avantage à la ville ; mais il sera bien mi-
nime, et il ne pourra jamais compenser les inconvénients résultant pour elle de la ruine de notre marché ; ruine que la moitié
de la commission déclare imminente, si on touche à l'institution
du marché tel qu'il est établi depuis si longtemps.

Voici maintenant les raisons qu'émet l'autre moitié de la commission (1) pour appuyer l'institution d'un marché aux grains à
sacs par terre :

Tous les abus qui ont été signalés prennent leur source dans
le principe de vente par montres.

L'expérience est là pour le prouver.

Le règlement de 89, tout en maintenant ce mode de vente,
avait établi les dispositions les plus précises pour en éloigner les
abus que les échevins de cette époque avaient déjà reconnus,
puisqu'ils s'entouraient de tant de précautions pour en prévenir le
retour, et prononçaient des peines si sévères contre les infrac-

---

(1) MM. Rozey, Lequien et Chartier.

teurs. Cependant, malgré toute la rigueur des peines, on a vu se perpétuer ces abus qui, renversant le règlement lui-même, ont été consacrés par l'usage et ont pris force de loi.

Cela est tellement vrai, que toutes les personnes qui, depuis plus de 30 ans, fréquentent notre marché, n'avaient jamais entendu parler du règlement de 1789.

Un nouveau règlement sera donc aussi impuissant que l'a été celui de 1789 pour détruire des habitudes que tant d'années ont enracinées.

D'ailleurs, tous les règlements du monde ne pourraient atteindre quelques-uns des abus que la commission tout entière a déclarés *intolérables*; la vente sous condition, par exemple, dont tout le monde se plaint, et les partisans du marché actuel aussi vivement que les autres.

Quelle disposition réglementaire viendra forcer un courtier à vendre irrévocablement la marchandise dont il est dépositaire, sans s'en être, au préalable, rapporté au propriétaire? Les bouteurs, dans leur catégorie, ne sont-ils pas de véritables courtiers de commerce? Et peut-on leur interdire le droit de proposer à l'acheteur une vente conditionnelle, qui ne deviendra définitive qu'après ratification de ceux qui les ont commissionnés? L'acheteur est libre de ne pas s'engager si cette réserve ne lui convient pas ; quant au bouteur, il peut établir la condition : la loi lui reconnaît implicitement ce droit contre lequel viendraient se briser tous les règlements administratifs.

Mais si les grains sont déposés sur la place, les ventes par condition, si nuisibles à tout le monde, disparaîtront à l'instant ; car, le propriétaire du grain est là avec sa marchandise ; il accepte ou refuse de suite le prix que lui offre l'acheteur ; la livraison suit immédiatement la vente, et dans tous les cas il n'y a plus d'incertitudes dans les réceptions des grains achetés.

Si un nouveau règlement empruntant cette disposition à celui de 89, décidait que les quantités de grains au-dessous de six hectolitres seront exposées par terre, le bouteur saura soustraire le petit cultivateur à cette exigence par la réunion de deux montres en une : d'ailleurs, une pareille disposition est injuste en elle-même : elle établit des catégories, des priviléges ; elle blesse l'équité qui doit toujours servir de base aux règles administratives, comme aux lois elles-mêmes.

Tous les autres abus, quels qu'ils soient, tombent aussi en présence d'une exposition publique de tous les grains sur le marché.

L'acheteur y trouvera , comme dans les autres villes, une entière garantie.

Il pourra vérifier les grains eux-mêmes ; et comparer les prix qui alors seulement sont établis avec loyauté. La spéculation privilégiée ne pourra plus en faus er le cours.

Plus de fraude possible : les grains seront livrés de suite à l'acheteur tels qu'ils sont.

Le cultivateur n'éprouvera plus de rabais par la comparaison de ses grains à un échantillon séché. Plus de déficit à son préjudice dans le mesurage qui se fera comme partout ailleurs, en place publique, sous les yeux de tout le monde.

Plus de prix fictifs établis par la spéculation particulière.

Toutes les opérations enfin rentreront dans la règle générale qui sert de base aux marchés des autres villes : car Douai est sous ce rapport dans une position exceptionnelle dont rien ne justifie son maintien.

Toutes ces considérations sont puissantes ! Il en est cependant une autre qui les domine encore : c'est l'avantage qui résultera pour notre ville de ce changement.

Sans rechercher la cause de cette situation, sans l'attribuer exclusivement à la perte réelle que lui fait éprouver un mode de marché qu'aucune ville n'adopte , il faut nécessairement reconnaître qu'un marché aux grains, basé sur l'exposition publique des denrées, amènera dans nos murs beaucoup plus d'habitants des campagnes qu'il n'en vient maintenant. Les membres dissidents de la commission l'ont reconnu eux-mêmes en déclarant que la ville de Douai y gagnera un peu.

Ce qui se passe dans toutes les autres villes , prouve évidemment que Douai en retirera un avantage plus considérable qu'on ne le prétend.

Partout ailleurs qu'ici, un jour de marché aux grains est comme un jour de fête où les habitants des campagnes et leurs familles vendent, achètent, dépensent, consomment.

Dans les plus petites villes qui n'ont aucun commerce, aucune industrie, à Orchies, Lens, Carvin, Béthune, Aire, Bourbourg, Bergues, un seul jour de marché par semaine procure à tous les marchands, débitants, etc., un bénéfice assez grand pour attendre la vente jusqu'au marché suivant.

Ces villes sont en voie de prospérité: Leur population augmente, et Douai tombe en décroissance !

Quel exemple suivent les villes ou bourgs qui établissent des marchés ? elles adoptent la règle commune : Douai seul reste stationnaire autour de ces mouvements si avantageux aux populations, avec son marché exceptionnel tout hérissé d'abus.

Si, au moins, Douai avec l'institution actuelle de son marché aux grains, et tous les abus qui s'y commettent, y trouvait pour ses habitants, les avantages que les autres villes puisent dans leurs marchés à sacs étalés, on concevrait une hésitation apportée à la réforme du mode de vente et de ses abus ; car à leur existence se rattacherait une question de prospérité pour la ville. Ici, au contraire, tout marche d'accord, l'avantage de la ville, et la destruction des abus.

La partie de la commission qui vous propose le changement du marché aux grains, n'admet aucun des inconvénients que l'autre partie vous fait entrevoir en cas de suppression des ventes par montres.

Très peu de fermiers de l'Artois amènent encore leurs grains sur notre marché : soit que par économie de temps, ils préfèrent se rendre à Arras, ville plus rapprochée d'eux, soit qu'ils aient été dégoûtés des abus consacrés par le mode du marché de Douai, le fait est que très peu d'entr'eux ont conservé des rapports avec notre ville.

D'ailleurs, dans l'établissement d'un marché aux grains on ne doit pas consulter la convenance de telle ou telle catégorie de cultivateurs, mais bien l'intérêt général des habitants, basé sur les règles invariables de la justice, et d'après des dispositions qui donnent aux acheteurs comme aux vendeurs des garanties solides contre tous les abus qui pourraient léser leurs intérêts.

Les quelques fermiers de l'Artois qui pourraient cesser leurs envois de grains, seront remplacés et au-delà par des fermiers de Raches, Flines, etc., qui quoique très rapprochés de nous, vont maintenant à Orchies parce que le mode de marché à sacs étalés leur est plus profitable ; ils seront remplacés par des fermiers d'Hénin-Liétard, Bois-Bernard et autres villages environnants, qui fréquentent les marchés de Lens et de Carvin pour les mêmes motifs.

Le marché sera donc tout aussi approvisionné qu'auparavant. Mais en supposant même qu'il le soit moins, et que dans le principe du changement de mode, il y ait quelque réduction dans les arrivages, les quantités de grains suffiront ou ne suffiront pas aux demandes :

Dans le premiers cas, les acheteurs ne pourront pas se plaindre d'une réduction qui ne contrarie en rien leurs achats :

Dans le second cas, il y aura donc des demandes non satisfaites, et par suite une hausse : Mais au marché suivant, ces demandes et cette hausse même détermineront de nombreux arrivages, car les grains sont comme toutes les autres denrées, ils abondent là où il y a des besoins et des prix un peu plus élevés qu'ailleurs.

Dans tous les cas possibles, la ville entière y trouvera un avantage incontestable, parce qu'elle se sera créé des rapports bien plus nombreux, des relations bien plus étendues avec les habitants des campagnes.

Les fabricants, brasseurs, etc., n'achèteront pas leurs grains directement chez les cultivateurs, parce que l'intérêt des uns comme des autres s'oppose à ces sortes de transactions à domicile.

Les acheteurs n'y pourraient en effet comparer ni les qualités des grains ni leurs prix qui varient d'un jour à l'autre ; tandis que sur le marché ils trouvent tous ces avantages.

Les cultivateurs, parce que ne connaissant pas les cours établis, ils s'exposeraient à vendre leurs grains au-dessous de la valeur réelle : Ils perdraient d'ailleurs l'avantage qui résulte pour eux de la libre concurrence des offres sur un marché public.

Enfin, l'exemple des autres villes est là qui confirme ces raisons, et réfute victorieusement tous les arguments émis contre l'institution d'un marché à sacs étalés.

Douai n'est pas maintenant une ville de commerce et d'industrie : C'est un fait malheureusement trop réel. Mais c'est justement parce que Douai ne présente pas encore les ressources d'une ville manufacturière et commerçante, qu'il faut adopter tous les moyens possibles d'augmenter sa consommation, et de soutenir son commerce de détail.

Quant à la position géographique, l'expérience des faits est là pour décider que loin de lui être funeste, elle ne peut qu'influer favorablement sur l'importance de son marché réformé.

Lens et Carvin, petites villes sans canaux, traversées par deux ou trois routes seulement, sont resserrées entre les villes d'Arras, Béthune, La Bassée, Douai et Lille, et néanmoins leurs marchés aux grains prospèrent et s'accroissent de jour en jour.

Douai est dix fois plus considérable que ces deux villes. Douai est entouré de plusieurs canaux et sillonné de routes nombreuses qui le mettent en communication avec une grande quantité de villes et de communes: à plus forte raison, et par sa position même, Douai recueillera-t-il les mêmes avantages que Lens, Carvin, Orchies, se sont créés par la seule institution de leurs marchés à sacs étalés sur place.

Voici maintenant des termes de comparaison pour ce qu'on appelle l'importance ou la prospérité de notre marché aux grains.

A Orchies et à Lens, il se vend cent mille hectolitres de grains par an.

A Douai, il s'en vend trois cent vingt mille hect. Pourquoi les deux premières villes ayant un marché trois fois moins important que le nôtre, s'agrandissent-elles ? Pourquoi le commerce de détail y est-il florissant ? Pourquoi voit-on leur population s'accroître ? parce que leurs marchés, d'après leur institution même, sont accessibles à tout le monde ; parce qu'une grande quantité de personnes prennent une part plus ou moins importante aux transactions opérées par la vente et l'achat de leurs cent mille hectolitres.

Pourquoi, au contraire, Douai va-t-il en décroissant ? pourquoi son commerce de détail y est-il si languissant ? Parce que le mode de vente et d'achat de ses trois cent vingt mille hectolitres est un monopôle qui éloigne tous les acheteurs de la ville et du dehors, parce que toute la population, sauf 10 à 15 personnes, reste étrangère à ces opérations qui se font à la vérité sur une masse de grains assez considérable, mais qui, au lieu de s'étendre sur une quantité de personnes proportionnelle au nombre d'hectolitres vendus sur notre place, se concentrent au contraire entre quelques spéculateurs et fabricants.

La prospérité d'un marché, c'est-à-dire la quantité considérable de grains qui s'y vendent est sans doute une chose importante ; mais elle n'est réellement avantageuse aux habitants qu'autant qu'elle augmente la prospérité de la ville elle-même.

Une ville n'est donc intéressée à ce qu'on appelle la prospérité de son marché qu'autant que la somme des vastes opérations de ventes et d'achats qui s'y font se répartisse entre une très grande quantité de personnes et se divise assez pour faire sentir son action sur la population toute entière.

Toute ville retire des avantages réels d'un marché quel qu'il soit quand il s'y traite beaucoup d'affaires entre un grand nombre de personnes. Mais l'avantage est nul pour elle quand les transactions qui s'y font, représentant même un capital considérable, sont resserrées dans un très petit cercle de spéculateurs.

Ce qu'on nomme alors la prospérité d'un marché n'est qu'une prospérité fictive à laquelle prennent part quelques privilégiés, mais qui n'influe en aucune manière sur le bien-être de la ville au sein de laquelle ces transactions s'opèrent.

Appliquant ces principes incontestables à Douai même, la moitié de la commission, dont je suis en ce moment l'organe, reconnaît que notre ville retirera un grand avantage de l'institution d'un marché aux grains ; que son importance soit même réduite d'un tiers par cette mesure, son effet nécessaire sera de rendre ce marché accessible à tous, d'en diviser les opérations avec équité, et, par suite, d'imprimer un vaste mouvement à la population toute entière.

Maintenir le mode actuel de ventes sur montres, c'est, suivant la moitié de votre commission, maintenir un monopole d'opérations au profit de quelques-uns, et au détriment de tous ; c'est sacrifier la ville pour l'avantage de quelques personnes.

Un pareil mode de vente de grains se concevrait à Lille, où les fabricants, les commerçants, les manufacturiers sont en quantité considérable, et forment avec leurs nombreux ouvriers une masse imposante de consommateurs. Mais à Douai, les fabricants se comptent, ils sont 10 ou 15 ; aucune raison ne pourrait justifier le privilége dont ils jouiraient sur notre marché au préjudice de 18,000 habitants.

Le nombre de ces fabricants est bien trop restreint dans Douai, pour qu'ils aient le droit d'exiger le maintien d'un marché qui ne profite qu'à eux seuls.

En résumé, quelle que soit dans le principe l'importance de notre marché réformé, il n'en produira pas moins des avantages réels à notre ville. La conséquence de ces avantages sera l'activité des ventes en détail, par suite des rapports bien plus fréquents et plus nombreux qui s'établiront entre la campagne et la ville. Ce sera un encouragement pour le commerce local qui s'anéantit de jour en jour. Ce sera une nouvelle voie de ressources pour la caisse municipale, car les recettes de l'octroi s'en augmenteront sensiblement.

Ce sera le seul moyen, non seulement de maintenir le commerce, mais de lui donner de l'extension ; en effet, on verra s'établir dans nos murs des fabricants et des industriels , qui ne s'en éloignent aujourd'hui qu'à cause de la centralisation du marché actuel entre quelques mains. Cette extension même, qui sera inévitable , rejaillira à son tour sur notre marché aux grains dont l'importance s'accroîtra naturellement avec les besoins , et par la co-opération d'une population plus considérable.

Si Douai souffre , il ne faut pas l'attribuer exclusivement au mode de notre marché : c'est une des causes , mais ce n'est pas l'unique cause du dépérissement de notre ville. Il ne faut pas ici se faire illusion , il y a d'autres principes de malaise qui l'affaiblissent. Mais cette réforme du marché sera le commencement d'une ère nouvelle ; ce sera le début des améliorations que Douai est en droit d'espérer ; ce sera le point de départ d'un mouvement industriel qui rendrait à notre ville toute l'importance qu'elle peut et doit acquérir un jour, tant à cause de sa position géographique, qui est admirable , que par les facilités qu'elle offre par ses vastes terrains au développement du commerce et de l'industrie.

Enfin , Messieurs , vous êtes appelés à résoudre une question à la solution de laquelle se rattache l'avenir de notre ville.

M. Chartier ajoute :

M. Anacharsis Bommart, qui n'avait pu assister, pour cause de maladie, aux délibérations de la commission , a fait connaître son opinion après la lecture de ce rapport, et a demandé qu'elle fût exprimée par votre rapporteur à la suite de son travail.

M. Bommart a déclaré qu'il reconnaissait plusieurs des nombreux abus signalés par trois de ses collègues ; et , par suite, il opine avec eux pour la réforme du marché aux grains. Il a émis le désir que cette réforme fût opérée sur le mode de vente des graines farineuses seulement, comme cela se pratique dans quelques villes , notamment à Cambrai et à Lille. Enfin , il a déclaré que si la division de cette réforme partielle dût avoir pour effet de maintenir la constitution actuelle du mode de vente des grains par montres , il voterait alors pour une réforme complète , c'est-à-dire pour la vente par sacs étalés sur place de tous les grains sans exception.

CONSULTATION DE Me TALON.

Le conseil soussigné, consulté sur la question de savoir, si l'autorité municipale peut exiger que les grains vendus sur le marché y soient apportés en nature, que la vente se fasse, marchandises sous les yeux, et non sur échantillon, adopte, sans hésiter, l'affirmative, qui lui paraît incontestable.

Au milieu de toutes les idées qui se partagent les esprits, touchant la liberté du citoyen ou les franchises du commerce d'une part, et, d'autre part, l'intervention de l'autorité, il est un principe dominant, dont on ne se rend pas compte satisfaisant, si l'on n'y réfléchit murement.

Ce principe, c'est que, par des raisons que le législateur a pesées, et qui le guideraient encore, s'il avait à s'en expliquer pour la première fois, le pouvoir municipal est presqu'omnipotent sur le règlement des marchés, l'approvisionnement des populations, la vente ou le débit des denrées alimentaires. En présence d'intérêts d'un ordre si élevé, les marchés, la nourriture d'une ville, le service alimentaire, la liberté fléchit; dans le conflit inévitable et perpétuel entre elle et la réglementation, c'est elle qui est sacrifiée que, l'on ne s'en étonne pas ; les esprits les plus libéraux, s'ils étaient appelés à gouverner, consacreraient eux-mêmes ce sacrifice, par cette sainte vérité de tous les temps et de tous les lieux :

Salus populi suprema lex esto. Cette vérité a inspiré au législateur les dispositions génériques, d'où une jurisprudence constante a fait sortir les restrictions les plus illimitées à la liberté primordiale du commerce.

Ces dispositions génériques consistent dans l'art. 3, tit. 11, § 3, de la loi du 24 août 1790 ; l'art. 46, tit. 1er de la loi du 22 juillet 1791.

Ces textes de lois donnent à l'autorité municipale le droit, disons mieux, lui imposent le devoir, de veiller à la sécurité, au maintien du bon ordre dans les foires et marchés, comme aussi à la *fidélité dans la vente des marchandises*, notamment des denrées.

Or, comment cette surveillance s'exercera-t-elle sans entraver cette liberté du commerce qu'on voudrait revendiquer ?

Comment la police pourra-t-elle maintenir le bon ordre, s'il s'établit dans une commune autant de marchés qu'il peut plaire à la mode d'établir ?

Comment exercera-t-elle sa surveillance, si le moment de l'ouverture et de la clôture de ce marché unique n'est pas précisément déterminé ?

Comment assurera-t-elle la fidélité dans la vente des denrées, si ces denrées vendues au marché ne sont pas *exposées sous ses yeux ?*

Comment procurera-t-elle aux ménagers, c'est-à-dire à tous, sauf quelques-uns, dans le sens où se prend ici l'expression ménager, la certitude de trouver à acheter les aliments nécessaires à la vie, si elle n'assure pas à ces ménagers, c'est-à-dire à la foule, au détriment des accapareurs ou revendeurs, le monopole des abords du marché pendant une partie de sa durée.

Pour faire à ces questions réponse satisfaisante, force est bien, après s'être grisé de cette idée séduisante, la liberté, dont peut être nous nous sommes énivrés et nous énivrons encore plus que personne, il faut bien, disons-nous, descendre des hauteurs de la théorie aux vulgarités de la pratique, aux exigences de notre vie besogneuse, à cette loi supérieure à toutes, avec laquelle le sentiment, ne discute pas, qu'on a toujours nommée, qu'on nommera toujours *la nécessité*.

Aussi, une jurisprudence constante, maintenue sous tous les régimes, quelles que soient les tendances aux exagérations soit de l'ordre, soit de la liberté, le premier Empire, la Restauration, la dynastie de Juillet, la République, le nouvel Empire, a-t-elle donné à chacune des questions posées plus haut cette solution aussi sage qu'uniforme : « *En ces matières l'autorité municipale* » *est omnipotente.* »

C'est ainsi qu'il a été jugé que celui qui expose en vente des grains sous une halle, les jours autres que ceux indiqués, peut être condamné, etc. (Cass. crim. 2 vendém. an VII).

Que l'arrêté d'un maire ordonnant que les blés et farines ne peuvent être vendus qu'au grenier public, est parfaitement légal. (Cass. crim. 1811).

Qu'un maire peut déterminer le lieu où doivent être

déposés les grains destinés à l'approvisionnement , et celui où ils doivent être renfermés lorsqu'ils n'ont pas été vendus. (Cass. crim. 11 juin 1813).

Que le règlement qui impose aux marchands l'obligation de déposer à la halle les grains destinés à être vendus avec défense de les exposer et vendre dans un autre lieu, est obligatoire, et que même les non domiciliés doivent être condamnés en cas de contravention. (Cass. crim. 24 février 1820).

Qu'un réglement qui interdit aux cultivateurs et marchands de fourrages de vendre ou acheter les denrées ailleurs que sur les marchés publics, même au domicile des cultivateurs, est obligatoire. (Cass. crim. 15 novembre 1830).

Que l'autorité municipale a le droit de défendre la vente dans un autre lieu que celui désigné aux marchands forains, notamment aux vivandiers, coquetiers, marchands de poissons et autres comestibles, et le dépôt de leurs marchandises chez un aubergiste qui devient coupable s'il reçoit ce dépôt. (Cass. crim. 8 novembre 1827 ; idem 18 juillet 1839).

Qu'il peut être interdit aux revendeurs d'acheter ailleurs qu'au marché. (Cass. crim. 19 avril 1834).

Qu'il peut être défendu d'acheter des fruits ailleurs qu'au marché, notamment sur pied, c'est-à-dire pendants aux branches. (Cass. crim. 13 octobre 1844).

Qu'il peut être défendu aux marchands d'abandonner leurs denrées pendant la durée du marché. (Cass. crim. 10 novembre 1837).

Mêmes décisions pour la vente du pain ; interdiction

aux boulangers forains de vendre ailleurs qu'au marché
et de porter en ville. (Cass. crim. 11 juin 1830 ; 22 juin
1832 ; 3 janvier 1835).

Que le pouvoir municipal est souverain quant aux
heures des marchés, et qu'il y a contravention s'il y a
vente, même de denrées en dehors des heures fixées.
(Cass. crim. 18 octobre 1846).

Qu'il peut être interdit aux revendeurs de paraître
sur les marchés avant telle heure. (Cass. crim. 6 mars
1824 ; 24 juin 1831 ; 11 mai 1832 ; 6 octobre 1832 ;
5 septembre 1833 ; 27 novembre 1839 ; 23 mai 1840 ;
19 janvier 1840 ; 18 juillet 1840).

Même interdiction spécialement pour les meuniers,
boulangers, blattiers. (Cass. crim. 23 avril 1841 ; 27
novembre 1841 ; 26 juin 1843).

Ces dernières décisions ont d'autant plus d'autorité,
qu'indépendamment de leur nombre déjà si imposant,
le principe sur lequel elles reposent a été sanctionné
par la *Chambre des députés*, qui, saisie d'une pétition
sur la matière, a adopté les conclusions de son rapporteur, déclarant *qu'un maire peut interdire la vente des
denrées ailleurs que sur les marchés*, et aux revendeurs,
*la faculté de se présenter sur les marchés avant certaines
heures*. (Séance du 4 juin 1842).

J'ai suivi, en essayant d'établir un certain ordre, l'énu-
mération de ces nombreuses décisions. Déjà s'en dégage,
marqué du sceau de l'évidence, le principe posé au
début de cette note, à savoir, que le respect de la liberté,
si sacré qu'il puisse être, devant, au point de vue d'une
sagesse pratique, céder le pas aux exigences de l'alimen-

tation, l'autorité municipale est en quelque sorte souveraine sur la réglementation des marchés, relevant sans doute de ses supérieurs, le Préfet et le Ministre, mais trouvant dans la loi le pouvoir de prendre toutes les mesures que lui suggèrent ses lumières. Mon langage sera plus ferme encore en interrogeant la jurisprudence plus voisine de nous ; cette jurisprudence nous montrera le principe consacré plus nettement encore, s'il se peut.

Ainsi, le 18 juin 1853, la Cour suprême, fidèle à sa jurisprudence, qu'on peut tenir pour *constante*, a jugé de nouveau :

Qu'un arrêté municipal peut contraindre les boulangers forains à ne vendre que sur le marché le pain qu'ils veulent vendre ailleurs.

Le 22 juillet 1859, elle a jugé, dans l'intérêt de la salubrité des denrées, que toute denrée destinée à la vente pouvait être *assujettie à être portée sur le marché*, même par les marchands de la ville. (Rejet, 22 juillet 1859).

Le 5 février et le 1er juillet 1859, elle a jugé, dans l'intérêt de la police des marchés, que toutes marchandises, même autres que les denrées, pouvaient être astreintes à être portées sur le marché par les marchands forains, mais non par les marchands de la ville. (Cass. 5 février, et rejet, 1er juillet 1859).

Enfin, le 18 juillet 1861, elle a encore jugé qu'un maire peut obliger les boulangers forains à ne vendre leur pain qu'au marché, avec défense de le porter à domicile.

Assurément, cette jurisprudence est considérable ; on

peut également la trouver résumée , même avec plus d'abondance encore. *(Répert. du Palais , v° foires et marchés,* nos 76 et suivants ; idem, supplément, n° 94).

Nous emprunterons à ce résumé du *Repert. du Palais* deux décisions topiques non citées par Dalloz.

La première est un arrêt de la Cour de cassation , du 18 juillet 1837 , indiqué n° 86 , et qui décide que l'autorité municipale peut interdire aux aubergistes , cabaretiers et autres habitants de souffrir dans leurs maisons, cours et écuries, des ventes de grains, chevaux et autres marchandises ou denrées ; ces ventes devant, sous peine de contravention , se faire exclusivement sur le marché si l'autorité municipale l'exige ainsi.

La seconde est un arrêt de la même Cour du 28 septembre 1855, indiqué supplément n° 94 et qui décide que le réglement de police qui défend de vendre des grains en dehors des marchés , sur les places et sur les voies publiques , interdit par cela même de se livrer sur ces places et voies *aux actes préliminaires ayant pour but d'amener la conclusion de la vente.*

Notons, du reste, que la jurisprudence administrative est loin de contrarier celle de la Cour suprême, si importante d'ailleurs ; au contraire, le conseil d'Etat, ayant eu a examiner le principe , a résolu la question dans le même sens , en décidant pareil réglement applicable aux préposés des vivres. (28 juillet 1814).

Ajoutons , enfin , que la circulaire du Ministre sur la boulangerie, en date du 5 août 1863, n'infirme aucunement ces principes : d'abord, parce qu'une simple circulaire est sans valeur devant la justice; ensuite, parceque cette circulaire ne fait que rétablir l'égalité entre les marchands forains et ceux de la ville , sans toucher le moins du monde aux restrictions auxquelles les uns et les autres peuvent être uniformément soumis.

Qne là, maintenant, nous faisons retour à la question posée, quel doute peut-il rester ? Parmi ces règles si multiples, consacrées par la jurisprudence, et qui enlacent comme d'un réseau, le commerce des denrées alimentaires , peut-être en est-il quelques-unes qui pourraient rentrer dans le domaine de la discussion , celles qui portent la plus grave atteinte à la liberté, qui imposent la plus dure servitude. Mais de quoi s'agit-il en l'espèce ?

Voici : les grains, denrée alimentaire, s'il en fut jamais.

Le maire d'une grande ville constitue un marché public pour leur vente et leur rachat ; il peut assurément fixer un lieu unique et un jour déterminé, un moment précis, de telle heure à telle heure, pour ce marché , c'est-à-dire pour ces ventes et achats.

Qui le contestera ? Comment, le maire , jaloux de remplir tous ses devoirs , pourra-t-il maintenir le bon ordre , assurer la tranquillité, exercer la police, sans ce pouvoir de concentration pour les négociations qui amènent fatalement des rassemblements plus ou moins grands.

Mais ce n'est pas tout : un maire n'est pas quitte envers ses administrés quand il leur assure le bienfait incontestable, du reste, de l'ordre matériel. Il ne suffit pas de faire marcher les hommes en automates, disciplinairement, sans trouble ni désordre, c'est une partie du devoir, mais ce n'en est qu'une partie.

Un maire, selon sa sainte mission, est en réalité, sans phrases ni déclamation comme le chef d'une famille plus considérable, laquelle est *la cité, la commune*, ce mot commune est certes bien voisin de la famille ; un maire doit veiller pour tous, c'est la providence chargée d'assurer, dans la mesure du possible, le bien-être public ; que doit-il donc faire, en sus du maintien de l'ordre ? Il doit, c'est la loi qui le lui dit expressément, veiller à la *fidélité dans la vente des denrées.*

Comment y veillera-t-il, si les denrées *ne sont pas apportées au marché ;* s'il ne peut pas les vérifier par lui-même ou par ses experts, ses égards ou tous autres ? Comment s'assurera-t-il de l'exactitude du poids, de la qualité, de la sanité, de tout ce qui constitue la fidélité dans la livraison ?

Qu'est-ce que vos ventes par échantillons ? L'autorité voit l'échantillon ; mais est-ce qu'elle voit la marchandise livrée, qui doit être conforme ? Est-ce qu'elle sait si, ayant vendu 10 hectolitres, vous livrez bien 10 hectolitres ? Est-ce qu'elle sait si, ayant vendu première qualité, vous livrez bien première qualité ? Est-ce qu'elle sait, enfin, si vos grains sont sains et ne peuvent pas empoisonner la santé publique ? A l'évidence, quand vous vendez sur le marché 10 hectolitres de blé, l'autorité à le droit de voir et vérifier ces 10 hectolitres, tous jusqu'au dernier grain. Qu'elle use rarement de ce droit, à la bonne heure ; il ne faut pas abuser même des meilleures choses, et le pouvoir, pour être vigilant, doit se garder de devenir tracassier ; mais qu'au moins *on ne conteste* pas le droit, la faculté, sauf en pratique, à n'en user qu'avec discernement et sagesse; car, nier le droit, la faculté, c'est pour nous nier l'évidence.

Que l'on songe, d'ailleurs, à une chose : il ne s'agit pas même de s'immiscer dans les détails les plus intimes du commerce des grains, et, par exemple, de prohiber les ventes à domicile. Nous croyons, avec les arrêts cités, que l'autorité le pourrait ; mais, enfin, la question posée ne va pas jusque-là ; elle s'arrête à ceci : il y a un marché, les vendeurs y viennent, ils jouissent de ses avantages, ils y font leurs ventes, et ils élèvent ou l'on élève pour eux cette prétention : « *Sur ce marché* » *établi par vous, nous ferons nos ventes comme nous* » *voudrons, par échantillon, sans que l'autorité puisse* » *surveiller nos denrées.* » A quoi le maire répond : « *Non, venez sur le marché si bon vous semble ; vendez-* » *y vos grains, mais vendez-les y en vous soumettant* » *aux règles de surveillance et de contrôle que j'en-* » *tends imposer pour assurer la fidélité dans la vente* » *des denrées.* »

Nous l'avouons, nous allons jusqu'à ne pas comprendre, quant à nous, comment on pourrait, dans ce conflit hypothétique entre les vendeurs et l'autorité, hésiter un instant, douter des pouvoirs de celui-ci, croire que ceux-là peuvent, à leur guise, s'implanter dans le marché et y réaliser leurs ventes, sans souci d'aucune règle, notamment sans soumettre les grains vendus au contrôle de la surveillance municipale.

Pour nous, le droit contesté au pouvoir municipal, c'est, en cette matière, le premier, le plus élémentaire de tous ses droits. S'il n'a pas celui-là, il faut dire qu'il

n'en a aucun , et qu'il est autant désarmé ; qu'au contraire, dans une juste sollicitude pour les besoins essèn-
tiels de la vie , la loi l'a armé , investi d'une puissance
presqu'équipollente à l'omnipotence.

Nous estimons donc , avec une conviction profonde ,
que serait légal et inattaquable le règlement dont , uni-
quement pour mieux rendre notre pensée , nous essayons
le modèle :

« Considérant qu'aux termes de l'art. 3, tit. 11, § 3,
» de la loi du 24 août 1790, et de l'art. 46, tit. 1 , de
» la loi du 22 juillet 1791 , l'autorité municipale doit
» non-seulement veiller au maintien du bon ordre dans
» les marchés , mais encore y assurer la fidélité dans
» les ventes de denrées.

» Considérant que, pour assurer cette fidélité, il faut
» nécessairement que la marchandise vendue soit appor-
» tée sur le marché ;

» ARRÊTE :

» Art. 1er. Les ventes sur échantillons sont inter-
» dites sur le marché de grains à Douai.

» Art. Les grains vendus sur le marché doivent y être
» apportés en totalité et en nature.

» Art. 3. Les contrevenants seront poursuivis confor-
» mément aux lois.

» Art. 4. M. le commissaire de police est chargé de
» veiller à l'exécution des présentes. »

On peut, nous le disons avec empressement, faire
infiniment mieux, profiter de l'occurrence pour refondre
en un règlement général tous ce qui concerne notre
marché aux grains, interdire toutes ventes en dehors de

de son enceinte , fixer les lieux où devront être remisés les grains non vendus , etc.; mais nous nous abstenons religieusement de nous substituer à l'autorité ; nous nous inclinons , au contraire, devant ses lumières, ses prérogatives , son initiative ; nous voulons seulement mettre en évidence cette vérité hors de tout conteste à nos yeux , à savoir : qu'un maire peut interdire sur le marché aux grains les ventes par échantillons , exiger l'apport en nature de la totalité des grains vendus.

Délibéré à Douai, le 27 septembre 1863.

TALON.

VILLE D'ARRAS.

—

RÈGLEMENT

CONCERNANT LE MARCHÉ AUX GRAINS.

———

Le Maire de la ville d'Arras, officier de la Légion d'honneur, trésorier de la 2e cohorte,

Considérant que depuis plusieurs siècles le marché aus grains de la ville d'Arras est l'un des plus considérables de la France; que les vendeurs et les acheteurs y affluent sans cesse et que jamais leur confiance n'y a été trompée;

Considérant que la constante prospérité de cet utile établissement est due principalement à la sagesse des règlements émanés successivement et à différentes époques de l'autorité municipale et qui forment pour cette matière si importante le code le plus complet;

Considérant que l'ancienneté de ces règlements partiels et leur multiplicité en rend la recherche difficile, et que pour assurer la constante exécution de leurs dispositions principales, il sera très utile de les réunir en un seul contexte, afin que les marchands, les consommateurs, les préposés et employés audit marché puissent avoir facilement sous les yeux la règle de leur conduite et de leurs obligations ,

Arrête que les anciens règlements relatifs au marché aux grains de cette ville continueront d'être exécutés et notamment dans les dispositions suivantes :

Article 1er. Les grains qui entreront dans cette ville et cité, faubourg et banlieue d'icelle pour y être vendus, seront conduits directement sur la Grand'Place sans en excepter aucun, lesquels grains ne pourront être déchargés, arrhés, exposés en vente, ni mesurés dans les rues, faubourg et banlieue de ladite ville, à peine de 20 fr. d'amende, défense sous les mêmes peines d'aller au-devant de ceux qui amènent lesdits grains pour traiter avec eux.

Art. 2. Les bouteurs et boutoires seront tenus de se trouver dans le marché avant l'arrivée des grains pour les faire décharger et ranger dans les emplacements ci-après désignés.

Art. 3. Les blés et les seigles seront rangés vers le milieu du marché, sur trois alignements marqués par le pavé.

Art. 4. Le scorion, la pamelle et l'orge seront pareillement rangés sur les deux lignes du pavé, du côté de la rue du Noble.

Art. 5. L'avoine sera exposée et placée sous l'autre alignement opposé qui se trouve à la droite du marché au bled.

Art. 6. Les grains de mars et autres espèces de même et ronds grains, tels que pois, vesces, colzats, fèves, etc., seront rangés sur un seul alignement vis-à-vis de la rue du Cardinal, savoir : L'ouverture du marché à l'avoine se fera en tout temps à neuf heures , et l'ouverture du marché au bleds , seigles et scorions commencera à dix heures du matin pour les bourgeois, à 10 1/2 pour les boulangers , brasseurs en gros, cabaretiers et paind'épiciers , et à 11 heures pour les marchands ; et défense aux susdits désignés de mettre la main dans les sacs avant l'heure où il leur est permis d'acheter.

Art. 7. Les regrattiers et recoupeurs placeront, si bon leur semble, leurs grains sur un autre alignement à la suite et à la distance de 13 mètres du marché au bled en allant vers la rue du Pignon.

Art. 8. Il sera laissé dans tous les marchés un passage de 2 mètres de largeur dans la distance de 20 pieds (6 mètres 500 m.)

Art. 9. Et si l'abondance des grains exige, pour l'emplacement des marchés ci-dessus, une plus grande étendue de terrain que celle désignée par les lignes du pavé, lesdits grains seront placés dans les susdits alignements et distances, en avançant vers la rue du Cardinal et vers la Petite-Place , sans qu'on puisse outvepasser les extrémités des alignements du côté de la rue du Pignon, sous peine d'une amende de 6 fr., à laquelle sera condamnée le bouteur ou la boutoire qui auront fait décharger les grains au-delà desdites limites.

Art. 10. Aussitôt que les chariots, charrettes et autres voitures et chevaux auront été déchargés , les conducteurs seront tenus de les amener et conduire hors du marché et au-delà des ruisseaux , à peine de 3 francs d'amende contre lesdits conducteurs.

Art. 11. L'ouverture du marché pour la vente des menus et ronds grains appelés mars, se fera à toute heure, et celle pour la vente des bleds, seigles, scorions, avoines et autres grains de pareille nature, ne pourra se faire que de la manière suivante, sans que lesdits grains puissent être arrhés exposés en vente, découverts ni vendus, et même les sacs qui les contiendront, déliés avant les heures ci-dessous marquées, à peine de 20 fr. d'amende.

Art. 12. Les habitants de cette ville, faubourgs et banlieue, ainsi que les entrepreneurs de la fourniture du pain pour les troupes, pourront acheter dès l'ouverture du marché, les grains qui leur seront nécessaires.

Art. 13. Les brasseurs, boulangers, pâtissiers et cabaretiers ne pourront entrer dans le marché et y acheter qu'une demi-heure après l'ouverture, les marchands, les étrangers, les facteurs de grains, ne pourront entrer dans lesdits marchés et y acheter qu'une heure après l'ouverture dudit marché, à peine de 50 fr. d'amende, excepté pendant le cours du mois d'août, pendant lequel temps il sera permis à toutes les personnes, même celles nommées au présent article, de vendre et acheter à toute heure, à commencer à 7, dans lesdits marchés, les grains qu'ils trouveront convenir.

Les marchands et autres personnes désignées ci-dessus, excepté pendant le mois d'août, ne pourront outrepasser les ruisseaux qui entourrent les marchés, avant les heures où il leur est permis de commencer leurs achats.

Art. 14. On ne pourra vendre aucuns grains sur montre ou échantillon, mais ils seront publiquement exposés dans le marché.

Art. 15. Il est permis à toute personne d'examiner et visiter les grains qu'ils voudront acheter, auquel effet elles pourront en prendre une petite poignée dans les sacs qu'ils seront tenus de remettre sur le champ, sous peine de 20 fr. d'amende.

Art. 16. Défense à tous mesureurs, portefaix, bouteurs et boutoires, leurs femmes et enfants, père, mère de s'approprier, de recevoir même gratis, ni d'acheter sous quelque prétexte que ce soit, les restes d'un sac ou d'une voiture de grains au-dessous d'une rasière, à peine de 10 fr. d'amende et confiscation des choses données, reçues ou achetées en contravention du présent article.

Art. 17. Les marchands, cabaretiers, boulangers, pâtissiers, brasseurs ne pourront acheter pour autrui avant l'heure où il leur est permis d'acheter pour eux-mêmes, à peine de 30 fr. d'amende.

Art. 18. Défenses très expresses sont faites à toutes personnes autres que les marchands de grains qui ont prêté serment pardevant les magistrats, de faire la profession de facteur ou courtier de grains, et notamment d'en acheter pour autrui à effet de les mettre en grenier et d'en faire magasin ou de les faire embarquer au rivage, sous peine de 100 fr. d'amende.

Art. 19. Quand le prix aura été fait pour une ou plusieurs rasières de grains, il sera libre à un chacun de se faire livrer le reste au même prix ou partie du reste de la même voiture, sans que ce prix puisse être augmenté.

Art. 20. Les grains seront d'égale qualité dans la totalité des sacs ou autres vaisseaux, et s'il arrivait que le fond fut d'une moindre qualité que la superficie, le prix du tout sera et demeurera confisqué par forme d'amende, et l'acheteur ne paiera ledit prix qu'à raison du plus petit grain; enjoint aux mesureurs d'en donner avis sur le champ à l'office du grand marché, à peine de 20 fr. d'amende pour la première fois, et de suspension de leurs fonctions pendant trois mois en cas de récidive.

Art. 21. Il ne sera reçu aucune personne pour mesureur, portefaix, bouteur ou regrattier dont le père, le fils, le gendre, l'oncle ou le neveu exercerait l'un desdits emploi.

Art. 22. Aucune personne ne pourra exercer concurremment aucun des offices de mesureurs, portefaix, bouteurs et ceux qui seront pourvus d'aucun desdits offices, ainsi que les boulangers et pâtissiers, ne pourront faire la profession de marchand de grains.

Art. 33. Les brasseurs en gros, les brasseurs forains, les boulangers, les pâtissiers, cabaretiers et meuniers, ainsi que leurs femmes et leurs enfants, ne pourront exercer aucune des commissions mentionnées en l'article précédent.

Art. 24. Il est défendu aux mesureurs, regrattiers, cabaretiers et autres faisant le commerce de grains, de se servir de grandes et petites mesures sans que préalablement elles n'aient été jaugées et flétries de la marque ordinaire, leur ordonnant de les faire vérifier tous les ans sur les mesures matrices, depuis le 1er janvier jusqu'au 31 mars, à peine de 15 fr. d'amende.

Art. 25. Les mesureurs, bouteurs et leurs aides ne pourront exercer leur profession qu'après y avoir été admis par l'autorité compétente et prêté le serment requis, et seront les susnommés tenus de se faire inscrire à l'office du grand marché.

Art. 26. Défenses aux personnes mentionnées aux articles précédents de recevoir, prendre, exiger aucune buvette des nouveaux employés à l'occasion de leur admission, sous peine de 10 fr. d'amende contre chacun des contrevenants.

Art. 27. Les bourgeois et autres habitants de cette ville, non marchands de grains, brasseurs en gros, pâtissiers ou boulangers, pourront se faire subroger dans les achats de grains des mêmes personnes, à concurrence et jusqu'au nombre de 5 rasières, sur chaque voiture, et les particuliers non marchands, etc., seront préférés à toutes sortes de personnes pour un cinquième d'hectolitre de grains, pourvu qu'ils en aient manifesté la volonté avant que la livraison ait été achevé dans les sacs des portefaix.

Art. 28. Les mesureurs et les bouteurs, avant de vider le grain dans le sac d'un portefaix, lui déclareront hautement le nom de la personne pour qui le grain aura été mesuré, ils appelleront aussi hautement chaque rasière par sa qualité de 1re, 2e, etc., dont le mesureur tiendra note avec de la craie en dedans sa mesure ; ils concorderont leur calcul avec le portefaix qui portera la dernière rasière de chaque achat, et s'il se trouve quelques grains égarés, il en sera fait raison eux marchands et autres, ou par racolement nouveau des grains dans les endroits où ils auront été portés, ou suivant l'affirmation des marchands et autres personnes bien famées dont le serment sera décisoire à concurrence d'une rasière.

Art. 29. Les portefaix et les bouteurs seront responsable solidairement des dommages et intérêts résultant des grains égarés dans les transports au rivage , greniers, magasins, sauf leur recours entre eux.

Art. 30. Les employés au marché qui seront accusés d'avoir volé ou détourné une mesure de grains seront poursuivis extraordinairement, et ceux qui en seront convaincus seront destitués.

Art. 31. Il est ordonné aux marchands de grains qui les font transporter sur le rivage et aux bateliers qui les chargeront sur leurs bateaux , d'avoir chacun un mille de plombs marqués de leurs marques , lesquels seront tenus d'en déposer un au greffe de la Mairie et un à l'office du grand marché , pour les désigner sur les registres , avec le nom de celui à qui appartient ladite marque ; en conséquence , les marchands donneront un de leurs plombs à chaque portefaix qui sera chargé pour eux , lequel plomb sera remis au batelier qui lui en remettra un des siens pour servir de récépissé.

Art. 32. Il est défendu aux bateliers d'entrer dans le marché et de se servir de leurs enfants pour distribuer les plombs, sous peine de 10 fr. d'amende.

Art. 33. Les bateliers et portefaix seront solidairement responsables de tous les grains qui se trouveront égarés en allant au rivage.

Art. 34. Les portefaix seront tenus de porter les grains

dans les bateaux par la rue Ste-Croix, sans se déranger du rang dans lequel ils sont partis, défenses leur sont faites de prendre leur chemin, pour aller au rivage, par la rue du Noble et autres petites rues, à peine de 29 fr. d'amende.

Art. 35. Les mesureurs sont tenus de servir tous également par chaque jour, de se trouver dans le marché avant l'heure fixée pour la vente des grains et d'avoir un menot, une mesure d'un hectolitre, une autre d'un cinquième, et une demi-hectolitre, à peine de 10 francs d'amende.

Art. 36 Défenses aux mesureurs de faire ou laisser porter leurs mesures par autrui, excepté par le préposé *ad hoc*, et défense à qui que ce soit de toucher ni de s'asseoir sur lesdites mesures vides ou pleines, droites, couchées ou renversées, à peine de 3 fr. d'amende.

Art. 37. Le prévôt ou l'abbé des mesureurs de grains commettent par chaque semaine trois ou quatre de ses confrères pour faire le service dans le marché au scorion, les autres mesureurs travailleront dans le marché au bled.

Art. 38. Tous les mesureurs resteront avec leurs mesures dans le marché tant et si longtemps qu'il y aura du grain, et ils ne pourront mesurer le grain de fermage qu'avant ou après la fin du marché, excepté deux d'entre eux qui pourront être détachés pour mesurer les fermages, lesquels seront nommés alternativement pour une semaine seulement.

Art. 39. Défenses aux mesureurs de crier *gagne* pour appeler les portefaix, à peine de 3 fr. d'amende.

Art. 40. Les portefaix seront tenus de porter également loin et près du marché, sans qu'ils puissent rien exiger au-dessus de la taxe, dans les endroits qui leur seront indiqués ; défenses à eux de s'informer du lieu où il faut porter avant d'être chargés, et défenses à toutes personnes, notamment aux mesureurs et aux bouteurs, de les en instruire, à peine de 10 fr. d'amende.

Art. 41. Si un portefaix refuse d'aller prendre une charge où il sera appelé, ou s'il passe outre la mesure qui lui est présentée, il sera interdit pendant un mois, et il sera libre à l'acheteur de faire porter ou voiturer son achat de grains par telles personnes et voitures qu'il trouvera bon, sans payer pour raison de ce aucun salaire à la communauté des portefaix, sauf à icelle son recours contre le refusant.

Art. 42. Il est permis à chacun de vendre son grain par soi-même, ses enfants et domestiques, sans qu'on soit obligé de se servir du ministère des bouteurs.

Art. 43. Chaque bouteur ou boutoire ne pourra avoir que deux aides, lesquels seront tenus, avant d'exercer, de prêter le serment requis.

Art. 44. Chaque bouteur donnera une caution de 200 fr. pour lui et ses aides, desquels il sera civilement responsable en ce qui concerne le commerce des grains.

Art. 45. Le bouteur avancera des deniers du vendeur les salaires des mesureurs.

Art. 46. Les bouteurs et bouteuses donneront avis sur le champ de ceux ou celles d'entre eux qu'ils connaîtront avoir contrevenus aux devoirs de leurs commissions, sinon ils seront solidairement responsables des dommages et intérêts.

Art. 47. Il y aura un bouteur commis par semaine, à tour de rôle et suivant l'ordre de leur réception, qui sera tenu de planter et de retirer chaque jour le poteau sur lequel seront attachés les règlements de police concer- nant le marché aux grains.

Art. 48 Défenses sont faites, sous peine de 50 fr. d'amende, aux meuniers et à leurs aides d'entrer dans le marché, d'y acheter aucuns grains pour autrui, leur enjoignant, sous la même peine, de placer leurs char- rettes, chevaux ou mulets, au bout de la Grand'Place, à la distance d'environ 40 mètres de la maison Gayant.

Art. 49. Les regrattiers ne pourront vendre aucuns grains dans le marché que par mesure d'un cinquième d'hectolitres et au-dessous, leur permettant néanmoins de faire usage d'une mesure de deux cinquièmes d'hec- tolitre dans leurs maison ou caves, sans qu'ils puissent se servir et avoir en leur possession celle d'un hecto- litre.

Art. 50 Défenses aux regrattiers de revendre du grain le même jour où ils l'auront acheté, à peine de 6 francs d'amende.

Art. 51. Défenses à toutes personnes de tirer ou pren- dre la paille qui est sur les voitures de grains, à peine de prison et autres grièves punitions.

Art. 52. Il est ordonné aux bouteurs de déclarer tous les jours, à l'office du grand marché, tous les articles de bled qu'ils auront vendus, le nombre de chaque arti- cle et le prix ; auquel effet, ils y porteront une carte qui contiendra les renseingnements ci-dessus, à peine d'un franc vingt-cinq centimes d'amende.

Art. 53. Défenses aux vendeurs de grains erragés de les mesurer par eux-mêmes, mais bien par les mesureurs sermentés, à peine de trois francs d'amende.

Art. 54. Les marchands de grains sont autorisés à faire porter au marché, par qui bon leur semblera, les grains provenant de leurs greniers et magasins.

Art. 55. Il est défendu aux marchands qui achèteront des grains dans les campagnes de les faire conduire directement chez eux, sous peine de 50 francs d'amende; il leur est ordonné de les faire conduire directement au marché pour être exposés en vente et ensuite livrés à ceux qui en auront fait l'achat.

Art. 56. Défenses à toutes personnes, femmes ou autres, d'approcher des chariots chargés de grains sous prétexte de rendre service aux fermiers, sous peine de dix francs d'amende.

Art. 57. Défenses à toutes personnes de se quereller, de dire des injures, se battre, jurer ou troubler les fonctions des personnes employées dans les marchés, sous telles peines qu'il appartiendra.

Art. 58. Défenses à toutes personnes d'aller à la rencontre des conducteurs de colzas et autres graines grasses, les annoncer aux marchands, ni s'entremettre en aucune manière des fonctions de facteurs ou courtiers, sans avoir été reçus en cette qualité et prêté serment, à peine de trente francs d'amende pour la première fois et cent francs en cas de récidive.

Art. 59. Pareilles défenses et sous les mêmes peines sont faites à tous acheteurs et vendeurs d'employer pour leurs achats, ni de se servir en aucune manière d'autres personnes que de celles reçues et qui auront prêté serment.

Art. 60. Les grains de différentes espèces seront vendus séparément, avec assignation de prix à chaque espèce de qualité différente.

Art. 61. Défenses à tous marchands de grains, pâtissiers, boulangers, brasseurs en gros d'acheter, et aux bouteurs et bouteuses de leur vendre du bled ou autres espèces de grains de différentes qualités par une seule et même vente et pour un prix commun, à peine de vingt francs d'amende.

Art. 62. Si, néanmoins, il se faisait pareille vente, nonobstant la défense ci-dessus, il sera permis aux bourgeois qui ne font point le commerce de grains et non boulangers, pâtissiers ou brasseurs en gros, en vertu du droit de subrogation à eux accordé par l'article 29, de choisir le meilleur bled ou grains d'entre ceux vendus à un prix commun auxdits marchands, boulangers, pâtissiers ou brasseurs en gros, à la concurrence fixée par ledit article 29, et défenses aux bouteurs et bouteuses de les empêcher de faire leur choix et d'y apporter le moindre obstacle, sous peine de vingt francs d'amende.

Art. 63. Permis, néanmoins, aux boulangers de se faire subroger dans les achats des marchands de grains, à la concurrence fixée par ledit article 29, après que les bourgeois et habitants qui ne font aucun commerce de grains et non pâtissiers ou brasseurs en gros auront été servis.

Art. 64. Les mesureurs, portefaix, bouteurs, boulangers, pâtissiers, meuniers, aubergistes, cabaretiers,

regrattiers ou regrattières ne pourront faire directement
ou indirectement le commerce de grains , ni en faire et
tenir magasin soit par eux-mêmes , soit par leurs femmes
ou enfants demeurant avec eux , sous peine de suspension et de 500 francs d'amende , et de confiscation des
grains achetés et trouvés dans leurs magasins.

Art. 65. Les marchands ne pourront mettre ou faire
mettre dans les marchés aucuns grains après l'heure de
l'ouverture desdits marchés , sous peine de confiscation
desdits grains.

Art. 66. Les regrattiers et regrattières ne pourront
s'arroger le droit d'acheter à l'exclusion de tous autres ,
les restes de sacs de grains au-dessous d'un cinquième
d'hectolitre et de s'associer pour l'achat des restes , à
peine de trente francs d'amende et d'interdiction de faire
le regrat.

Art. 67. Défenses aux mesureurs , portefaix, bouteurs
et bouteuses, leurs aides, père, mère , maris, femmes et
enfants d'acheter lesdits restes , même de s'associer à
d'autres à cet effet, à peine de pareille amende de trente
francs et d'interdiction pour les mesureurs , portefaix ,
bouteurs, bouteuses et leurs aides.

Art. 68. Défenses aux enfants au-dessous de seize ans
d'entrer dans le marché aux grains, à peine de six francs
d'amende, dont les pères et mères sont responsables.

Art. 69. Les bouteurs, bouteuses et leurs aides, seront
tenus d'avoir chacun une plaque de cuivre sur le devant
de leurs habits, sur laquelle seront gravés, pour les bouteurs et bouteuses, les armes de l'Empire, avec les lettres
Bout, et pour les aides , aussi les armes de l'Empire ,

avec les lettres *Aides-Bout* et les numéros qui leur seront assignés, lesquels numéros seront enregistrés au greffe de la Mairie, avec les noms desdits bouteurs et aides ; défenses auxdits bouteurs, bouteuses ou à leurs aides de faire aucune fonction sur le marché et d'aller recevoir le prix des grains dans les maisons, qu'ils n'aient leurs numéros et plaques ou de les prêter à d'autres, à peine de cent francs d'amende contre les bouteuses et destitution contre les aides.

Art. 70. Les mesureurs seront payés à raison de sept centimes et demi (un sol six deniers) pour le mesurage d'un hectolitre de grains et graines grasses de toute espèce.

Art. 71. Les facteurs ou bouteurs et bouteuses seront payés à raison de sept centimes et demi pour la vente d'un hectolitre desdits grains.

Art. 72. Les portefaix seront payés pour un hectolitre porté à raison des distances ci-après désignées :

Dans les maisons et greniers de la Grand'Place, sept centimes et demi (un sol six deniers).

Du marché dans les maisons ou greniers des rues du Point du Jour, de la Pauvreté, des Augustines, du Mont de Piété, du Marché au Filet, du Tripot, des Bouchers, des Grands Viésiers, des Récollets, de l'Intendance, des Trois Faucilles, de la Fausse porte de Saint-Nicolas et autres lieux de pareille distance, dix centimes (deux sols).

Dudit marché dans les maisons ou greniers de la rue du Courant du Crinchon, du Rivage, du Moulinet, des Teinturiers, des Agaches, de Saint-Aubert, Ernestale ;

Saint-Jean-en-Ronville et autres lieux de pareille distance, quinze centimes (trois sols).

Dans les lieux et maisons plus éloignés , compris la
basse ville, vingt centimes (quatre sols).

Dans la Cité et la Citadelle, vingt-cinq centimes (cinq
sols).

Art. 73. Il est expressément défendu , sous peine
d'exclusion des marchés, aux mesureurs, facteurs, portefaix , d'exiger des cultivateurs , marchands , consommateurs et tous autres quelconques, une plus forte rétribu-
tion que celle ci-dessus mentionnée.

Fait en l'hôtel de la Mairie d'Arras , le onze juillet
1807.

Signé , **VAILLANT.**

RÈGLEMENT DU MARCHÉ DE LENS.

Art. 1er. Les grains qui entreront dans cette ville pour
y être vendus seront conduits directement dans la Halle,
sans en excepter aucun ; lesquels grains ne pourront
être déchargés , exposés en vente , ni mesurés dans les
rues , à peine de vingt francs d'amende ; défense, sous
les mêmes peines , d'aller au-devant de ceux qui amènent lesdits grains pour traiter avec eux.

Art. 2. Les bouteurs , boutoires , mayeur des portefaix et portefaix seront tenus de se trouver dans le
marché avant l'arrivée des grains pour les faire décharger et ranger dans les emplacements désignés.

Art. 3. Aussitôt que les chariots, charrettes et autres
voitures et chevaux auront été déchargés, les conducteurs seront tenus de les amener et conduire hors du
marché et au-delà de l'enceinte de la caserne, à peine
de trois francs d'amende contre lesdits conducteurs.

Art. 4. L'ouverture du marché aura lieu à dix heures
pour les avoines, graines grasses et autres petits grains ;
à midi pour les blés, seigles , escourgeons. Une cloche
annoncera ces heures d'ouverture.

Art. 5. On ne pourra vendre aucuns grains sur montre ni échantillon, mais ils seront exposés publiquement dans le marché.

Art. 6. Il est permis à toutes personnes d'examiner et visiter les grains qu'ils voudront acheter, auquel effet elles pourront en prendre une petite poignée dans les sacs qu'ils seront tenus de remettre sur le champ, sous peine de vingt francs d'amende.

Art. 7. Défense à tous mesureurs, portefaix, bouteurs, leurs femmes et enfants, père et mère de s'approcher, de recevoir même gratis ou d'acheter, sous quelque prétexte que ce soit, les restes d'un sac ou d'une voiture de grains *au-dessous* d'une rasière, à peine de dix francs d'amende et confiscation des choses données, reçues ou achetées en contravention au présent article.

Art. 8. Quand le prix aura été fait pour une ou plusieurs rasières de grains, il sera libre à un chacun de se faire livrer le reste au même prix, ou partie du reste de la même voiture, sans que ce prix puisse être augmenté.

Art. 9. Les grains seront d'égale qualité dans la totalité des sacs ou autres vaisseaux, et s'il arrivait que le fond soit d'une moindre qualité que la superficie, le prix du tout sera et demeurera confisqué par forme d'amende, et l'acheteur ne paiera ledit prix qu'à raison du plus petit grain. Enjoint aux mesureurs de donner avis sur le champ à l'agent de police de garde au marché, à peine de 20 francs d'amende pour la première fois et suspension de leurs fonctions pendant 3 mois, en cas de récidive.

Art. 10. Les mesureurs, bouteurs et leurs aides ne pourront exercer leurs professions qu'après y avoir été admis par l'autorité compétente et prêté le serment requis, et seront, les sus-nommés, tenus de se faire inscrire à la Mairie.

Art. 11. Les mesureurs et les bouteurs, avant de vider les grains mesurés dans le sac d'un portefaix, lui déclareront hautement le nom de la personne pour qui le grain aura été mesuré, ils appelleront aussi chaque rasière par sa quotité de *première*, *seconde*, etc., dont le mesureur tiendra note avec de la craie au-dedans de sa mesure; ils concorderont leur calcul avec le portefaix qui portera la dernière rasière de chaque achat, et s'il se trouve quelques grains égarés, il sera fait raison aux marchands et autres ou par recollement nouveau des grains dans les endroits où ils auront été portés, ou suivant l'affirmation des marchands ou autres personnes bien famées dont le serment sera décisoire, à concurrence d'une rasière.

Art. 12. Les portefaix et bouteurs seront responsables solidairement des dommages et intérêts résultants des grains égarés dans les transports, greniers et magasins, sauf leur recours entre eux.

Art. 13. Les préposés au marché qui seront accusés d'avoir volé ou détourné une mesure de grains, seront poursuivis extraordirement, et lorsqu'ils en seront convaincus, seront destitués.

Art. 14. Les mesureurs seront tenus de servir tous également par chacun jour, de se trouver dans le marché avant l'heure fixée pour la vente des grains, et d'avoir chacun *un ménot*, une mesure d'un hectolitre, une autre d'un cinquième et d'un demi-hectolitre, à peine de 10 francs d'amende.

Art. 15. Défense aux mesureurs de faire ou laisser porter leur mesure par autrui, par le préposé *ad hoc*, et défendu à qui que ce soit de toucher ni de s'asseoir sur lesdites mesures, vides ou pleines, droites, couchées ou renversées, à peine de 3 francs d'amende.

Art. 16. Tous les mesureurs resteront avec leurs mesures dans le marché tant et si longtemps qu'il y aura du grain.

Art. 17. Défense aux mesureurs et bouteurs de proférer aucun cri pour appeler les portefaix à peine de 3 francs d'amende.

Art. 18. Les portefaix seront tenus de porter également loin et près du marché, sans qu'ils puissent rien exiger au-dessus de la taxe, dans les endroits qui leur seront indiqués. Défense de s'informer du lieu où il faut porter avant d'être chargés, et défense à toutes personnes, notamment aux mesureurs et aux bouteurs de les en instruire, à peine de 10 francs d'amende.

Art. 19. Si un portefaix refuse d'aller prendre une charge où il sera appelé, ou s'il passe outre la mesure qui lui est présentée, il sera interdit pendant un mois, et il sera libre à l'acheteur de faire porter ou voiturer son achat de grains par telles personnes et voitures qu'il trouvera bon, sans payer, pour raison de ce, aucun salaire à la communauté des portefaix, sauf à icelle son recours contre le refusant.

Art. 20. Il est permis à chacun de vendre son grain par soi-même, ses enfants ou domestiques, sans qu'on soit obligé de se servir du ministère des bouteurs.

Art. 21. Chaque bouteur ou boutoire ne pourra avoir

que deux aides, lesquels seront tenus, avant que d'exercer, de prêter le serment requis.

Art. 22. Défense à toutes personnes de tirer ou prendre la paille qui se trouve soit dans la Halle, soit sur les
voitures de grains, à peine de prison et autres sévères
punitions.

Art. 23. Il est ordonné aux bouteurs de déclarer tous
les jours, à la Mairie, tous les articles de blé qu'ils auront
vendus, le nombre de chaque article et le prix; auquel
effet ils y porteront une carte qui contiendra les renseignements ci-dessus, à peine d'un franc vingt centimes
d'amende.

Art. 24. Les marchands de grains sont autorisés à
faire porter au marché, par qui bon leur semblera, les
grains provenant de leurs greniers ou magasins.

Art. 25. Il est expressément défendu à toute personne
de fumer dans la Halle, sous peine d'amende de 3 francs.

Art. 26. Défense à toutes personnes, femmes ou autres,
d'approcher des chariots chargés de grains, sous prétexte
de rendre service aux fermiers, sous peine de dix francs
d'amende.

Art. 27. Défense à toutes personnes de se quereller,
de se dire des injures, se battre, jurer ou troubler les
fonctions des personnes employées dans le marché, sous
telles peines qu'il appartiendra.

Art. 28. Défense à toutes personnes d'aller à la rencontre des conducteurs de colzats ou autres graines
grasses; les annoncer aux marchands, ni s'entremettre en
aucune manière dans les fonctions de facteurs ou courtiers,
sans avoir été reçus en cette qualité et prêté serment,

à peine de 30 fr. d'amende pour la première fois, et 100 francs en cas de récidive.

Art. 29. Pareilles défenses, et sous les mêmes peines, sont faites à tous acheteurs et vendeurs d'employer pour leurs achats, ni de se servir en aucune manière, d'autres personnes que de celles reçues et qui auront prêté serment.

Art. 30. Les grains de différentes espèces seront vendus séparément avec assignation de prix à chaque espèce de qualité différente.

Art. 31. Défenses aux enfants en dessous de 16 ans d'entrer dans le marché aux grains.

Art. 32. Les bouteurs, boutoires et leurs aides seront tenus d'avoir chacun une plaque en cuivre sur le devant de leurs habits.

Art. 33. Chaque hectolitre de grain paiera pour l'entrée à la vente 0,02 c. 1/2 pour déchargement, plus 0,07 c. 1/2 pour mesurage, frais à supporter par le vendeur.

Art. 34. L'acheteur aura à payer aux portefaix 0,05 c. par chaque hectolitre, soit pour le laisser dans le marché, soit pour porter dans les greniers au-dessus du marché.

Pour les grains portés hors du marché et transportés en ville par les portefaix, un règlement interviendra.

Lens, le 

** * **

Douai. Typ. Mme veuve Ceret-Carpentier, imp. de la Mairie.